JOHN GEORGE ABIZAID

L'ILLUMINATION DU MONDE

La Terre est Plate

LIBELLIO

Titre original :

The Enlightenment of the World (seconde édition 1912) ©

John George Abizaid

Traduction :

Ioana Maria G.

LIBELLIO ® 2019

www. editionslibellio.com

Couverture : LIBELLIO

Dépôt légal : 2019

John George Abizaid

Table des matières

Préface..11

CHAPITRE I...13
L'Eau

CHAPITRE II..21
La terre

CHAPITRE III...25
Le Soleil, la Lune et les Étoiles

TÉMOIGNAGES..39

Ce livre apporte, à mon avis, de bonnes preuves pour montrer que la Terre est plate et qu'elle est toujours stationnaire, alors que le Soleil, la Lune et les Étoiles sont toujours en mouvement. Il contient également quelques témoignages à ce sujet.

John G. Abizaid

48 Shawmut Ave. Boston, Mass
6 juin, 1912

John G. Abizaid

121 Tyler Street

Cher Monsieur :

J'ai lu votre livre sur la "Terre Plate", et j'en suis très satisfait. Ce serait un bon livre pour les écoliers et pour les hommes et les femmes de tous âges qui sont prêts et disposés à penser par eux-mêmes. Je ne vois pas un seul instant comment un homme ou une femme peut être intelligent et en même temps honnête et croire que la terre est ronde et non plate – ou comme nous la voyons. Toute étendue d'eau ne peut être que plate sur sa surface, et toute terre n'a qu'une seule surface, et ne diffère que par ses différentes hauteurs par rapport au niveau de la mer. Que le Soleil soit très haut, petit par rapport à la Terre est certainement vrai. La Terre est trop grande et trop dense pour se déplacer le moins possible, alors que le Soleil est toujours en mouvement. Enseigner le contraire est tout à fait absurde. Je me ferai un plaisir de vous aider de toutes les manières possibles pour découvrir la fausseté d'une terre ronde et mouvante.

Sincèrement vôtre,

William Peil

Nouvelle carte correcte de la surface plane, de la Terre stationnaire

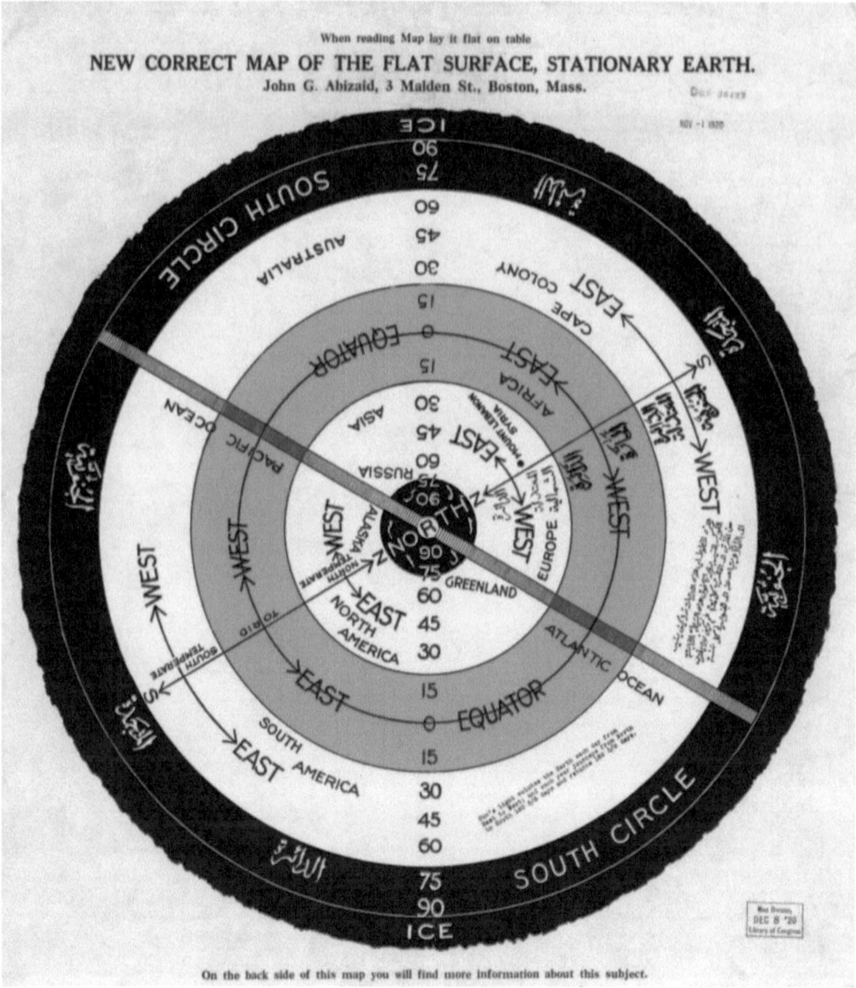

Recto

DESCRIPTIVE KEY.

JOHN G. ABIZAID, 3 Malden St., Boston, Mass. U. S. A.

Verso

Traduction du document

Ceci est la vraie carte de la Terre plate et stationnaire réalisée par le professeur Syro-Américain, John G. Abizaid en 1920.

J'ai publié cette carte pour révéler la vraie forme de la Terre. Premièrement, pour aider les gens en reconnaissant le fait que la Terre est plate et qu'elle ne bouge pas. Deuxièmement, pour que les jeunes à l'école et à des niveaux supérieurs puissent bénéficier de la vérité. Il y a beaucoup de preuves qui confirment que le sujet est vrai, ce que vous trouverez certainement dans mon livre *L'Illumination du Monde.*

La théorie de la Terre ronde et en rotation est fausse et vous ne devriez pas y croire tant que vous pouvez voir et sentir que la Terre est un objet plat et se tient immobile et vous verrez que le Soleil, la Lune et les Étoiles sont quotidiennement en mouvement. Ils arrivent tous les jours d'Est à l'Ouest.

La lumière du Soleil progresse du Sud vers le Nord et revient en un an. En raison du déplacement du Soleil du Sud vers le Nord et du retour, nous obtenons les quatre saisons. À savoir : Printemps, Été, Automne et Hiver.

La surface de la Terre est divisée en cinq zones.

Premièrement : Le Centre Nord qui est sombre pendant six mois et éclairé pendant six mois. Dans le futur, il y aura sûrement des explorateurs qui le franchiront.

Deuxièmement : La Zone Tempérée Nord est la plus agréable à vivre. Les nations les plus industrialisées et les plus puissantes habitent cette zone.

Troisièmement : La Zone Torride (Tropiques) est chaude tous les jours et le Soleil est toujours au-dessus. Le Soleil ne se retire pas beaucoup de cette zone.

Quatrièmement : La Zone Tempérée Sud a à peu près le même climat que la Zone Tempérée Nord.

Cinquièmement : Le Cercle Sud est sombre et glacé comme le Centre Nord, mais personne ne peut jamais traverser ce cercle car c'est le rebord de la Terre et il est dangereux pour la vie. Le Cercle Sud est le plus grand des cinq zones, aussi les nuits sont plus longues quand le Soleil se déplace près du Cercle Sud, mais quand le Soleil se déplace près du Centre Nord la nuit est d'environ huit heures dans la Zone Tempérée Nord, et le Centre Nord est éclairé pendant six mois. Cela prouve que le Nord n'a pas la même forme que le Sud, pas plus le Sud comme le Nord.

Si la Terre est ronde, comme certains l'imaginent, la forme du Pôle Nord et du Pôle Sud serait exactement la même. Alors le Pôle Nord et aussi le Pôle Sud auraient six mois d'obscurité et six mois de lumière. De plus, le Soleil met plus de temps à se déplacer d'est à ouest près du Cercle Sud. Faites un voyage autour du Cercle Sud et un autre autour du Centre Nord et vous constaterez que la distance est beaucoup plus courte autour du Centre Nord, ce qui prouve que le Nord et le Sud n'ont pas la même forme comme les gens le prétendent. Après avoir étudié la véracité de mon travail, vous saurez que j'ai raison. Si quelqu'un désire plus d'explications, je me ferai un plaisir de le faire.

John G. Abizaid
3 Malden Street,
Boston, Mass. U.S.A.

Préface

Ce livre a des mots et des phrases communs pour que tout le monde en comprenne le sens.

Je l'ai d'abord écrit en arabe, puis je l'ai traduit en anglais, parce que presque tous les Américains savent lire et écrire leur propre langue.

Si j'ai imprimé ce livre, ce n'est pas pour gagner de l'argent ou de la célébrité, mais parce que je veux montrer aux gens qui ne partagent pas mon point de vue où se situent leurs erreurs.

Tout dans ce livre est vrai. Ce que je pense à ce sujet n'est pas du travail de supposition. Vous y trouverez une bonne base pour y croire, de bonnes idées et des preuves absolues. Vous n'avez pas besoin de l'accepter simplement par la foi, mais vous pouvez voir de vos propres yeux et ressentir avec votre propre corps. Ainsi vous pouvez savoir que c'est la vérité ; et tant que vous avez des yeux pour voir, un corps pour sentir et un cerveau pour penser, utilisez-les et vous connaîtrez les faits.

Les chrétiens croient en la Bible. Dans ce livre de la Sainte Écriture se trouvent des preuves données par les prophètes que le monde est plat et stationnaire, et que le Soleil, la Lune et les Étoiles sont toujours en mouvement.

Il y en a cependant beaucoup qui n'acceptent pas les vérités de la Bible, et c'est pour cette raison que je donne d'autres preuves.

Il y a des choses qui ont besoin de témoins, mais d'autres vérités sont leurs propres témoins ; elles portent la preuve en elles-mêmes.

CHAPITRE I

L'Eau

Vous savez qu'il y a plus d'eau sur la Terre que de terre sèche.

Voici la première la preuve :

L'eau prouve que la Terre est plate, plane et stationnaire. L'eau est liquide. Elle coule toujours vers le bas et cherche son niveau, et ne coule jamais vers le haut à moins que ce soit par la force. Et l'eau de l'océan est pratiquement unie à la terre, et ils l'appellent liquide. Elle ne restera pas sur une terre ronde. Prenez un verre d'eau et versez-le sur une sphère ronde et si l'eau reste dessus, alors la Terre doit être ronde, mais si l'eau tombe, la Terre doit être plate.

En voici une autre preuve :

Prenez une casserole et remplissez-la d'eau et voyez si elle est plus haute au centre que sur les côtés. Si c'est vrai, alors l'eau de l'océan peut être ronde, mais si l'eau de la casserole est plate et de niveau, alors l'eau de l'océan doit aussi être plate et de niveau.

L'eau de l'océan est de niveau et ne peut être autrement, parce que c'est liquide, ce qui prouve que la Terre est plate et non ronde. Le terrain n'est pas exactement plat et nivelé, car il y a des montagnes et des vallées. Mais cela ne fait aucune différence, car si les montagnes étaient dans les vallées, cela laisserait le terrain plat et de niveau et plus haut que l'eau. Cela fait longtemps que je pense à cette question.

Je me suis enfin rendu compte, grâce à l'eau et aux rayons du Soleil, au lever du Soleil, à la lumière du Soleil, etc., que la Terre ne pouvait pas être ronde et en mouvement, comme l'ont enseigné les livres et les professeurs. Les professeurs offrent des preuves pour montrer que la Terre est ronde, mais les preuves qu'ils offrent ne donnent rien. Lorsque les enfants vont à l'école, l'enseignant leur dit que le monde est rond et, bien sûr, ils le croient, et ils ne demandent pas comment sait-on qu'elle est ronde. Ils sont jeunes et ils savent très peu. Quand ils grandissent, ils croient encore que la Terre est ronde et en mouvement et, à leur tour, ils enseignent cela aux autres.

Le niveau de l'eau est plat, ce qui prouve que la Terre est plate et stationnaire.

Grâce à ses fruits, vous saurez de quelle sorte d'arbre il s'agit.

En regardant un bâtiment, vous pouvez savoir s'il a de bonnes fondations ou non.

Un juge n'entendra pas les témoins qui sont loin, mais ceux qui sont près de lui, afin qu'il puisse leur parler, examiner le cas et découvrir la vérité.

Les preuves au sujet de la Terre sont trouvées de la même manière. Plus les preuves sont proches de l'esprit, mieux nous pouvons les comprendre. Les preuves dans ce livre sont très convaincantes et peuvent être comprises par tous. Ne faites pas attention à une preuve éloignée. Ce n'est peut-être pas la vérité.

Le Soleil ne peut pas projeter l'ombre de la Terre sur la Lune, car elles sont parfois très proches l'une de l'autre. Vous pouvez le constater le soir et le matin en voyant la Lune et le Soleil en même temps.

Il ne faut pas croire tout ce que disent les professeurs, parce qu'ils ne savent pas tout.

L'homme qui a dit que la Terre a été prouvée ronde par la vue d'une rangée de navires sur l'océan a fait une erreur, et ce qu'il dit n'est pas vrai.

Juste parce qu'il a mesuré et regardé le sujet à sa façon, il ne l'a pas prouvé mais l'a deviné. D'après ses suppositions, il pensait que la Terre et l'eau étaient rondes ; mais l'eau ne restera pas ronde, comme il le pense.

Ils affirment dans la géographie que lorsque le dernier navire est hors de vue, c'est une preuve que l'eau est ronde, mais cela prouve que l'eau est plate. Vous verrez si vous regardez et mesurez de bien des façons différentes, comme c'est le cas dans ce livre.

S'il était assez sage, il mesurerait les navires de différents points et il verrait que cela aboutit toujours à la même chose, comme dans l'exemple du carré magique de quinze en additionnant les chiffres dans une direction quelconque.

	5	

Essayez d'insérer les chiffres de 1 à 9 inclusivement, de façon à ce qu'ils totalisent 15, additionnés de haut en bas et en diagonal. La clé du puzzle est d'avoir le bon chiffre au centre.

Si vous retirez le cinq du centre, vous ne pouvez pas les additionner dans tous les sens ; essayez et voyez.

De cette façon, mesurer les navires de différents points prouve que la Terre est plate, et si vous mesurez depuis plusieurs endroits, vous ne pouvez rien prouver de plus.

C'est la même chose avec les navires. Si vous n'en laissez pas un au centre, vous penserez que l'eau de l'océan est ronde. Mais si vous essayez cette méthode sur les navires, vous saurez que l'eau de l'océan est de niveau et plate.

Une personne debout sur le rivage voit un navire de taille réelle lorsqu'il est près de lui, mais lorsqu'il va plus loin, il devient plus petit jusqu'à ce qu'il soit hors de sa vue. Ils pensent que c'est une bonne preuve que l'eau de l'océan est ronde, mais ce n'est pas une bonne preuve, car l'eau est liquide et ne restera pas ronde. La vue de loin vous le montre. C'est la même chose qu'avec un livre ; vous ne pouvez pas le lire à cinq mètres de votre visage, mais près de votre visage vous pouvez le lire clairement.

Une personne debout sur le rivage de la mer verra un grand bateau à vapeur, mais à mesure qu'il s'éloigne, il deviendra plus petit, et le mât du bateau à vapeur sera plus court aussi ; mais si une personne se tenait sur le rivage opposé, elle verrait le bateau à vapeur grand quand il est près de lui et, quand il s'éloigne, il devient plus petit, cela prouve que l'eau est plate et horizontale, et non ronde : la distance vous le prouvera.

Il n'y a aucune chance pour quiconque de dire que la Terre est ronde, car tant que l'eau est plate, de niveau et droite, cela prouve que la Terre ne peut être que plate et stationnaire, et le Soleil en mouvement.

J'ai lu des livres sur la géographie, et je constate qu'ils affirment tous que la terre est ronde et en mouvement.

J'ai réfléchi à cette question et j'ai lu de nombreux articles à ce sujet.

Je ne blâme pas les enfants ou les enseignants, mais le premier homme qui a dit que la Terre est ronde. Il a dit aux gens que la Terre était ronde, mais ne savait pas avec certitude ; il a seulement deviné ; Nous n'avons pas à croire de telles suppositions – tant que nous avons des yeux pour voir des corps pour sentir et des cerveaux pour penser.

Ils disent que la Terre est ronde, tant la terre que l'eau, et qu'ils sont toujours en mouvement autour du Soleil. Mais si vous leur demandez comment l'eau reste dans son lit pendant que la Terre tourne, ils vous diront de prendre un seau d'eau et le faire tourner rapidement, car l'eau ne sortira pas avant que le seau soit ralenti.

Mais qui a vu la Terre tourner de la même façon qu'une personne fait tourner un seau ? Personne. Et tant que personne n'a jamais vu la Terre tourner, vous n'avez pas besoin de croire qu'elle le fait.

Qui fait tourner la Terre ? Est-ce qu'elle tourne sur son axe, et quel genre d'axe est-ce ? Personne ne le sait. Est-ce du fer, de l'acier, du bois ou de l'étain ? Vous ne voulez pas croire de telles affirmations que la Terre se tient sur un axe, car personne ne l'a vu. Tout n'est que supposition et rien de visible par les êtres humains. Certaines personnes disent que le monde est rond et que Dieu fait tourner le monde, mais très peu y croient. S'ils le font, ils devraient prêter attention à ses prophéties, et croire comme elles disent sur le mouvement du Soleil et la position de la Terre, et ainsi de suite. Si vous voulez savoir sur quoi repose la Terre, je peux dire, je crois ce que je dis, que la Terre repose sur l'eau tout comme un navire flotte sur l'eau. C'est sans aucun doute une bonne preuve. Je sais que la Terre est grande, et qu'étant si grande, elle doit nécessairement avoir un poids énorme. Et un corps lourd, il n'a pas le pouvoir de se déplacer dans le ciel autour du Soleil où que ce soit. Il ne peut pas non plus se poser ou tourner sur rien comme ils le pensent. Essayez quelque chose et laissez-nous voir si vous pouvez faire quoi que ce soit se tenir ou tourner quotidiennement sur rien. Je suis sûr que vous ne pouvez pas faire cela. De plus, ils n'ont aucune véritable preuve comme ils le croient. Le balancement du seau n'est pas non plus une preuve correcte, car l'homme balance le seau. Mais le seau ne peut pas se balancer tout seul parce qu'il n'a pas le pouvoir. Aussi la Terre ne peut pas bouger sur rien parce qu'elle n'a pas le pouvoir de bouger.

Essayez de verser de l'eau sur les bords extérieurs d'un seau, il est certain que vous verrez l'eau couler sur le sol avant même de commencer à balancer le seau. C'est la même chose avec l'eau de l'océan, de sorte qui si la Terre était ronde, comme on dit, il n'y aurait pas d'eau sur la terre, car toute cette eau tomberait. Si la Terre est ronde et en rotation, nous devrions le sentir ; le vent viendrait aussi d'une seule direction, et non du nord, du sud, de l'est et de l'ouest.

J'ai lu une histoire dans la géographie au sujet de la Terre étant ronde, comme ils le prétendent. Il est dit que lorsque le navire est près du rivage, une personne à terre verra le mât, haut et grand, mais à mesure que le navire s'éloigne, il le verra de plus en plus bas et petit comme s'il descendait une colline. Cependant, si un homme se tenait sur le pont d'un bateau à vapeur, il verrait le terrain bas, alors qu'il serait haut.

S'il y avait de hautes montagnes près du rivage, et que vous étiez sur un bateau à une certaine distance de la côte, quand vous regardiez vers la terre, les montagnes vous paraissaient basses et petites, mais elles ne le sont pas. C'est la distance qui les fait paraître ainsi. L'eau est toujours plate et de niveau et ne peut pas être autre chose parce qu'elle est liquide. Vous savez, bien sûr, ce qu'est un liquide, et ce que le mot signifie.

Voici une autre preuve pour montrer que l'eau de l'océan est plate et de niveau :

Supposons que cinq bateaux soient en cercle, chacun à la vue des autres, avec un autre bateau au milieu. Si vous êtes dans le bateau du milieu regardant les autres, ils paraîtront comme s'ils étaient très bas et dans un creux, alors que vous semblez être le plus haut. Mais si vous quittiez votre propre bateau et que vous alliez à tour de rôle vers tous les autres dans le cercle, vous auriez l'impression que le bateau dans lequel vous vous trouviez en premier était très bas.

Quel que soit le bateau sur lequel vous vous trouvez vous aurait l'impression d'être le plus haut. Il n'est pas vrai qu'un bateau soit plus élevé que les autres, ou que l'eau de l'océan est sphérique. L'eau est toujours plate, et presque toujours droite. C'est la distance qui fait paraître l'autre plus bas.

Voici encore une autre preuve : Si ces navires se trouvent en ligne droite, sur l'océan, aussi loin que l'œil peut les voir, et que vous êtes au milieu en regardant les autres de chaque côté, alors ils auront l'air d'être dans un creux, et vous semblez être le plus haut ; mais il est vrai que pour les gens sur les autres navires il semble que votre navire était bas et que eux sont dans une position plus élevée.

Pensez-vous qu'il y a des collines et des vallées dans l'océan ? Non ! Non ! Cela ne peut pas être vrai, car l'eau est liquide et doit donc être de niveau.

Ce sont des preuves pour montrer que l'eau n'est pas ronde comme le dit la géographie, mais qu'elle est vraiment plate et de niveau.

Je pense que j'ai donné assez de preuves pour vous faire changer d'avis sur le fait que la Terre est plate et non ronde. L'eau prouve que le terrain est stationnaire, plat et de niveau.

CHAPITRE II

La terre

La terre est solide et tout en un seul morceau, réuni sous l'océan sur toute la Terre.

La Terre ne peut pas être ronde et en mouvement comme ils le prétendent dans les géographies, mais plate et stationnaire, parce que l'eau est liquide et de niveau et cela prouve que la Terre est plate et ne bouge pas.

Une autre preuve qui montre que la Terre est immobile et ne bouge pas se trouve dans le vent, qu'ils appellent l'atmosphère.

Si la Terre tourne tous les jours, le vent ne soufflera que d'une seule direction.

Si vous voyez un train en marche, vous verrez qu'il donne du vent dans une direction. Mais quand il s'arrête, le vent s'arrête avec lui.

Personne n'a jamais senti le vent souffler au même rythme tous les jours, parfois le vent souffle très fort et à d'autres moments souffle très faiblement, et souvent de différentes directions, et certaines fois, il y a très peu de vent. C'est une bonne preuve pour montrer que la Terre est stationnaire. Si la Terre était en mouvement dans une direction, la pression du vent dans la même direction serait toujours la même.

Vous trouverez mes preuves justes si vous vous arrêtez pour y réfléchir.

Ceci est une autre preuve pour vous montrer que la Terre ne bouge pas :

Si, lorsque vous montez dans un ballon ou un dirigeable, en partant d'un certain endroit allant aussi haut que vous le pouvez et quand vous descendez, vous trouvez que l'endroit du départ est très loin, alors vous pouvez croire que la Terre est en mouvement ; mais si vous êtes au même endroit ou pas très loin de votre position initiale, alors il est évident que la Terre est immobile et ne bouge pas, et cela se passe vraiment comme cela. De plus, si la Terre tourne et que les oiseaux ou les dirigeables volent dans le même sens, ils se retrouveront au même endroit qu'avant. S'ils volent dans la direction opposée du virage de la terre, ils se retrouveront à voler très vite et toujours au-dessus d'endroits différents. Si vous y réfléchissez bien, vous trouverez ces preuves correctes.

Après tout, la Terre ne peut pas être ronde, parce que la plus grande partie est de l'eau, et l'eau ne peut être que de niveau, comme je l'ai prouvé au chapitre I.

Prenez une casserole d'eau et retournez-la à l'envers, et je suis sûr que l'eau tombera. En outre, si la Terre tournait, l'eau de l'océan détruirait un grand nombre de villes, de villages et de pays. Mais la Terre ne peut pas tourner ou être en mouvement. Si elle tourne, nous devrions le savoir immédiatement, car nous avons des yeux pour voir, des corps pour sentir et des cerveaux pour penser.

Supposons que vous preniez le train, la voiture ou le bateau, vous sauriez que vous êtes sur quelque chose qui tremble. Quand le train ou la voiture monte ou descend une colline, vous pouvez facilement dire, même les yeux fermés, si elle monte ou descend. Il en est de même avec la Terre. Si la Terre est en train de tourner ou est en mouvement, nous le saurions par bien des choses différentes, comme je l'ai déjà dit.

Ils disent qu'il y a de la gravité sur Terre qui retient tout ce qui s'y trouve quand elle tourne. Ils donnent ces preuves aux gens et aux enfants à l'école, et la plupart d'entre eux croient à des choses aussi stupides que cela. Leurs preuves ne valent rien, tout n'est que conjecture, car personne ne l'a jamais senti ou vu.

J'ai été surpris de savoir que certaines personnes croient en des choses qui n'ont jamais été vues ou ressenties. Mais ce qu'ils peuvent voir et ressentir, ils n'y prêtent pas attention. Ils disent que si vous laissez tomber quelque chose, il tombera sur le sol, ils pensent seulement que la loi de la gravitation le fait tomber.

Oh, je suis désolé pour eux ! Ils devraient faire mieux que ça. Ils doivent savoir que les choses lourdes, et toutes les choses qui n'ont pas de vie comme les cadavres, tomberont par eux-mêmes. Mais certaines choses ont de la puissance, comme l'oiseau, ou des choses légères comme la fumée, et ainsi de suite. S'il y avait une loi de la gravité, elle les ferait tomber aussi. La plupart des gens savent distinguer le haut du bas et ne devraient pas croire cette chose stupide. Je regrette que l'on enseigne aux enfants la gravité, que la Terre soit ronde et qu'elle tourne autour du Soleil, et aussi que le Soleil est plus grand que la Terre.

Il n'y a pas du tout de gravité, car s'il y en avait une, personne ne pourrait bouger un pas, et si un oiseau était au sol, il ne pourrait plus voler dans les airs, car la gravité le retiendrait. S'il y a de la gravité, elle n'est pas partout et ne peut pas tout contenir, comme le gaz, les ballons, les dirigeables, etc.

Voici une autre preuve pour montrer que la Terre est plate et stationnaire :

Si la Terre est ronde et en mouvement, comme ils le prétendent, nous devrions savoir, car quand elle tourne, nous devrions trouver nos têtes et nos pieds et le monde au-dessus de nous, comme si une personne était debout sur un plafond la tête en bas et les pieds en l'air.

Si nous étions attachés à la terre par gravité, ou attachés par des cordes, nous devrions le sentir, et savoir dans quelle direction la Terre tourne avec nous.

Mais il n'y a rien de tel que la gravité, parce que personne ne l'a jamais ressentie. Vous ne devez pas penser que vous êtes un être intelligent parce que vous savez beaucoup de choses. Je suis sûr que personne ne sait tout au monde. Vous ne devez pas croire tout ce que les gens disent – que la Terre est ronde et en mouvement, et que le Soleil est stationnaire et plus grand que la Terre, etc. jusqu'à ce que vous ayez examiné les faits, découvert la vérité et l'ayez suivie.

Je pense que je vous ai donné assez de preuves pour vous faire changer d'avis sur le fait que la Terre est ronde et en mouvement.

Vous trouverez au chapitre III des preuves sur le Soleil qui se déplace dans un cercle au-dessus de la Terre.

CHAPITRE III

Le Soleil, la Lune et les Étoiles

Dans ce chapitre, vous trouverez des preuves que le Soleil, la Lune et les Étoiles sont toujours en mouvement.

J'ai prouvé dans les chapitres I et II que la Terre est plate et stationnaire.

Tant que la Terre est plate et stationnaire, cela prouvera que le Soleil se déplace en cercle et au-dessus de la Terre et qu'il voyage suivant un cercle sur l'ensemble des pays qu'il éclaire. Il ne peut pas éclairer tout le monde à la fois, parce que la Terre est plus grande que le Soleil.

Les gens pensent que le Soleil est grand parce qu'ils le voient à travers une lorgnette. La lunette en verre, vous savez, fait paraître tout ce qui est vu à travers elle grand, même quand celui-ci n'est pas grand, et vous pouvez voir le Soleil faire le tour et tourner au-dessus de la Terre ; vous le savez sans aucune preuve.

Ne croyez pas que le Soleil est stationnaire et plus grand que la Terre. Car il ne peut être plus grand que la Terre. Si le Soleil est plus grand que la Terre, il illuminerait le monde entier à la fois.

Réfléchissez et vous verrez que ce que je dis est correct et que les preuves sont également correctes.

Si vous êtes dans une pièce avec des fenêtres vers le Soleil levant, vous constaterez que le Soleil projette toujours ses rayons près du sol et non sur le plafond.

Je suis sûr que les rayons du Soleil ne toucheront jamais le plafond, ni le matin ni le soir. Peu importe que vous ayez votre chambre sur une haute montagne, le Soleil sera toujours plus haut. Sa propre lumière le prouve pour lui-même.

Cela prouvera que le Soleil est haut, mais si vous voyez la lumière du Soleil sur le plafond, cela signifie que le Soleil se lève d'un endroit bas, ou que la Terre est ronde et en mouvement. Mais si vous ne pouvez pas voir la lumière du Soleil sur le plafond, cela prouvera que le Soleil est toujours haut, et que la Terre est plate et immobile.

Le soleil est toujours haut et tourne en cercle au-dessus de la Terre.

En hiver le Soleil s'éloigne de nous, ce qui rend les journées courtes et froides, mais en été quand il revient près de nous, il rend les journées longues et chaudes.

Vous saurez quand le Soleil est près de vous et quand il est loin de vous, de par sa lumière ; vous saurez aussi dans quel sens il tourne au-dessus de la Terre par son lever et par sa lumière, et vous le savez aussi par observation. Et si vous examinez la lumière du Soleil, vous verrez alors que celui-ci se déplace en cercle.

Certains disent que s'ils partent d'un certain endroit et font le tour de la Terre, ils passeront sous la Terre et reviendront au même endroit d'où ils sont partis. Ils pensent que la Terre est ronde comme une orange, et qu'ils sont passés sous la Terre. La Terre ne peut pas être ronde, car j'ai donné beaucoup de preuves pour montrer qu'elle est plate et de niveau.

Ils suivent la boussole, et la boussole pointe toujours vers le milieu de la Terre que nous appelons le Nord. Ils se déplacent en cercle sur un terrain plat près de l'équateur et ils pensent faire le tour de la Terre en cercle, mais ils se déplacent en réalité sur des chemins plats et de niveau. Il ne peut en être autrement. S'ils partaient en bateau à vapeur et allaient vers le Sud sans boussole, ils se perdaient et ne trouvaient que de l'eau, de la glace et l'obscurité.

Voici un autre bon signe qui montre que le Soleil est très haut et plus petit que la Terre :

Quand le Soleil se lève aux États-Unis d'Amérique, on aura l'impression qu'il se lève d'un endroit bas, mais les gens en Europe verront le Soleil très haut au-dessus de leur tête vers midi, et les gens en Asie Mineure verront aussi le Soleil très bas dans l'après-midi.

Ne pensez pas qu'il y a un creux entre l'Asie Mineure et les États-Unis parce que le Soleil semble bas pour les gens en Asie et pour nous (États-Unis), mais haut pour les gens en Europe ? Non ! Non ! Il n'y a pas de creux, mais tout est de niveau, car la grande distance d'ici au Soleil vous le montre.

SUN RISE
SUNBEAMS
A
A.M.
B
NOON
C
D
P.M.
E
SUN SET
ASIA
EUROPE
AMERICA
You will get good proofs if you look with me closely for the sun rising and sunbeams. The sun, of course, encircles the earth
When the sun goes from here it will be night, and the place where it goes will be day
NORTH
You will get good proofs if you look with me closely for the moon rising. The moon, of course, encircles the earth
When the sun comes to here it will be day, and when the sun goes from here it will be night
AMERICA
ASIA
MOON RISES
MIDNIGHT
MOON SETS

Jour Nuit

Traduction du document

Vous obtiendrez de bonnes preuves si vous regardez avec moi de près le lever de la Lune. La Lune, bien sûr, fait le tour de la Terre. Quand le Soleil arrivera ici, ce sera le jour et quand le Soleil se couchera d'ici, ce sera la nuit.

Vous obtiendrez de bonnes preuves si vous regardez avec moi de près le lever du Soleil et ses rayons. Le Soleil, bien sûr fait le tour de la Terre. Quand le Soleil se couchera d'ici ce sera la nuit et l'endroit où il se lèvera ce sera le jour.

Explications du document

La signification de *A, B, C, D* et *E* sur les lignes des rayons du Soleil.

La première ligne du rayon de Soleil, **A**, est le moment où vous voyez le Soleil pour la première fois le matin. Il vous semble que le Soleil se lève d'un endroit bas. Si vous examinez une ombre ou votre propre ombre, vous verrez les ombres longtemps quand le Soleil vient de très loin ; mais quand le Soleil vient près de vous, votre ombre sera courte. Examinez les rayons du Soleil et votre propre ombre ; vous saurez bien vite que le Soleil est rond, haut et en mouvement, plus petit que la Terre et se déplace en cercle au-dessus de celle-ci.

B indique le A. M. (avant-midi), quand le Soleil s'approche de vous, il brille plus directement sur vous et vous le sentez plus chaud. Votre ombre est plus courte et passe à côté de vous. Vous verrez que c'est correct si vous prenez le temps de le regarder.

C indique midi. À ce moment-là, le Soleil est le plus proche de vous. Vous le verrez au-dessus de votre tête, et vous vous sentirez plus réchauffé et votre ombre sera plus courte qu'à tout autre moment.

D indique le P. M. (après-midi). Vous verrez que votre ombre s'allonge parce que le Soleil se déplace au-dessus de vous.

E signifie que le Soleil se dirige à une grande distance de vous. Vous vous sentez plus frais, et votre ombre s'allonge et tourne en cercle. Si vous mesurez les rayons du Soleil et votre ombre avant le coucher du Soleil, vous verrez que le Soleil est toujours haut et en mouvement, passant en cercle au-dessus de la Terre d'un pays à un autre, et aussi vous verrez la Lune et les étoiles avant le coucher du Soleil et après.

Dans l'illustration du lever du Soleil et ses rayons, vous verrez que le Soleil est rond et plus petit que la Terre. Aussi qu'il se déplace dans un cercle, au-dessus de chaque endroit atteint par sa lumière. Quand le Soleil quitte un endroit, il change du jour à la nuit, et à l'endroit où il était la nuit, il fera jour. L'illustration le montre bien.

Faites attention à ces preuves : la première montre que le Soleil est très haut ; La seconde montre que le Soleil est plus petit que la Terre, car s'il était plus grand que la Terre, les gens en Europe verraient le Soleil au-dessus de leurs têtes, de même que les gens en Amérique verraient aussi le Soleil au-dessus de leurs têtes, et les deux au même moment ; le troisième exemple montre que la Terre est plate.

Voyons une autre preuve pour vous montrer que le Soleil tourne en rond au-dessus de la Terre :

Quand le Soleil se lève, vous ne le verrez jamais venir directement vers vous, mais en faisant toujours un cercle à droite au-dessus de votre tête. Vous trouverez cela dans l'ombre de votre maison, ou dans la lumière du soleil quand elle brille dans votre chambre, etc.

Je sais que le Soleil est plus petit que la Terre et qu'il se déplace en hauteur dans un cercle au-dessus de la Terre. Vous le saurez en regardant ses rayons.

Voici une bonne preuve du Soleil que tout le monde peut essayer à la maison. Placez votre lampe sur la table et placez votre main à côté de la lampe, et vous verrez l'ombre de votre main sur le mur, et si vous placez la main au-dessus de la lampe, vous verrez l'ombre de votre main sur le plafond, et si vous placez votre main en dessous de la lampe, vous verrez l'ombre de votre main sur le sol, si vous regardez les rayons vous saurez que le Soleil est plus petit que la Terre et qu'il est toujours en mouvement dans un cercle bien au-dessus de la Terre.

Et après tout, si vous voulez savoir lequel se déplace – la Terre ou le Soleil – vous devez prendre le temps de vous arrêter un moment et de regarder les deux.

Voici une autre preuve pour vous montrer que la Terre est plate et stationnaire et que le Soleil est en mouvement :

Si vous pouvez voir ou sentir la Terre tourner vers le bas d'un côté et vers le haut de l'autre, alors vous avez raison, et la Terre est en mouvement et le Soleil immobile ; mais si vous ne pouvez pas voir ou sentir ceci, alors la Terre est immobile et le Soleil est en mouvement ; et si la Terre est toujours au niveau de chaque côté de vous, cela signifie que la Terre est plate.

Si vous prenez le temps de réfléchir, vous découvrirez la vérité par vous-même, – maintenant que je vous ai montré la voie. Je ne veux pas que vous le croyiez parce que je le dis, mais je veux vous montrer comment sont les choses et si vous y prêtez attention, vous saurez aussi bien que moi ce qui est juste.

Si le Soleil est immobile, nous sentirions la Terre tourner de différentes manières.

D'abord, les maisons et les poteaux s'inclineraient d'un côté avec le terrain, et nous verrions une direction basse et l'autre haute. Si vous voyez le terrain bas d'un côté et haut de l'autre côté, alors le Soleil est stationnaire, mais si ce n'est pas le cas, alors il est en mouvement. Si vous ne pouvez pas voir ou sentir la Terre tourner, c'est qu'elle est stationnaire, et que le Soleil tourne. Vous saurez par les eaux de l'océan que le Soleil se déplace au-dessus, car si la Terre se retourne, il n'y aurait plus d'eau dans l'océan.

Ils disent que le Soleil est plus grand que la Terre. Mais j'ai découvert par les rayons du Soleil qu'il est plus petit que la Terre. Si le Soleil était plus grand que la Terre, les gens qui vivent en Asie, en Europe, en Afrique et en Amérique verraient le soleil au-dessus de leur tête en même temps. Il sera midi partout, il n'y aura aucune différence. Si la Terre était plate ou ronde, nous ne verrions jamais le Soleil au-dessus de nos têtes quand les gens d'autres pays seraient à l'heure du midi. Supposons qu'il y ait dix personnes sous un parapluie, de la même taille que celui que nous utilisons maintenant, pensez-vous qu'elles verraient toutes le parapluie au-dessus de leur tête ? Non, ils ne peuvent pas le voir au-dessus de leur tête parce que le parapluie est trop petit pour les couvrir tous ; mais s'ils avaient un grand parapluie, il couvrira les dix personnes et tous le verraient au-dessus de leur tête. S'il y avait un parapluie de la taille d'une ville, il couvrirait tous les habitants d'une ville, et tous ceux qui y vivent le verraient au-dessus de leur tête.

Et c'est pareil avec le Soleil. S'il était plus grand que la Terre, il brillerait sur toute la Terre, et tous les peuples dans le monde entier le verraient au-dessus de leur tête en même temps. C'est une bonne preuve que le Soleil est plus petit que la Terre et en mouvement, et que la Lune et les Étoiles sont aussi plus petites et en mouvement. La Terre est plate et stationnaire, comme je l'ai déjà prouvé.

Le soleil est comparable à un parasol – si le parasol était assez grand, il pourrait couvrir le monde entier, alors le soleil n'est pas assez grand pour éclairer le monde entier en même temps.

L'Indien regarde la preuve du parasol. Il compare le Soleil avec le parasol en disant que si le parasol était assez grand, « *je pourrais le voir ici au-dessus de ma tête, aussi.* » De même avec le Soleil – s'il était assez grand, il pourrait couvrir la Terre ; et les gens, où qu'ils se trouvent, pourraient le voir en même temps au-dessus de leur tête.

Ils disaient il y a environ 500 ans que la Terre était plate et stationnaire et que le Soleil était en mouvement. Mais ils n'avaient pas de preuves comme celles que j'ai dans mon livre. C'est la raison pour laquelle ils ont changé d'avis. Mais maintenant tu dois te réveiller et juger la vérité par toi-même.

Lisez tout ce que je dis dans ce livre et vous le trouverez juste. Il n'y a pas de supposition dans mon livre comme dans les géographies. Vous n'avez pas à croire ce que je dis dans ce livre, car vous avez des yeux pour voir, des corps pour sentir et des cerveaux pour penser.

La Géographie dit que la Terre tourne, mais personne ne l'a jamais vue tourner, ni sentie, mais ils peuvent voir la Terre plate et stationnaire ; la géographie dit aussi que le Soleil est stationnaire, mais personne ne l'a jamais vue se tenir sur quoi que ce soit du tout.

Il ne sert à rien de croire des propos aussi insensés que ceux que nous lisons dans les géographies. La géographie n'a pas de bonnes preuves, mais seulement des suppositions, ce qui n'équivaut à rien du tout. Il n'y a aucun sens à croire les professeurs, parce qu'ils ont fait une grosse erreur en disant aux gens que la Terre est ronde et en mouvement et que le Soleil est immobile.

Nous ne les blâmons pas pour cette erreur, parce que tout le monde fait des erreurs.

Ce livre s'intitule *L'Illumination du Monde*, parce qu'il va réveiller tout le monde, et corriger cette erreur.

Le soleil ne se LÈVE pas d'un endroit bas, comme paraît le faire.

Examinez votre propre ombre ou n'importe quelle ombre le matin et de nouveau l'après-midi et vous constaterez que le Soleil est toujours plus haut que vous, tout comme le ciel est au-dessus de vous. La Terre et le Ciel ne se rencontrent pas, comme ils semblent le faire. Ce n'est que le distance qui donne l'impression qu'il en est ainsi. Tout ce qui se trouve à une certaine distance de vous semble bas, tout ce qui est proche semble élevé. Ceci est une preuve que la Terre et le Ciel ne se rencontrent pas. Si vous vous tenez dans un champ par un jour de brouillard, vous verrez que près de vous, le brouillard est plus haut que vous ne l'êtes, mais un peu plus loin, il semble bas et touche le sol.

Peu importe où vous vous tenez, le brouillard apparaît de la même façon, et la Terre et le Ciel ne semblent pas se rencontrer, et c'est exactement comme le brouillard autour de vous. Examinez-le et vous verrez que ce que je dis est correct.

Je suis parti de Boston en bateau à vapeur pour New York.

En approchant la ville, j'ai vu deux ponts devant moi. Alors que je passais sous le premier pont, j'ai trouvé qu'il était très haut, puis j'ai regardé l'autre pont et j'ai trouvé qu'il avait l'air très bas, touchant presque l'eau.

Mais lorsque nous avons atteint le deuxième pont, je l'ai trouvé aussi haut que l'autre pont, alors j'ai regardé en arrière le premier pont que nous avons traversé et j'ai trouvé qu'il avait l'air très bas, touchant presque l'eau. Alors j'ai su que les deux ponts étaient hauts, mais que c'était la distance qui les faisait paraître bas.

C'est la même chose si vous allez à terre. Supposons, par exemple, qu'il y ait une route longue et dégagée, avec des poteaux télégraphiques à la même distance les uns des autres. Vous regardez celui qui est le plus proche de vous, et vous le trouverez haut, mais le suivant semble plus bas et le suivant encore plus bas, et ainsi ils semblent de plus en plus petits, de sorte que vous ne les voyez plus du tout.

Mais il n'est pas vrai que les poteaux sont plus bas, comme ils paraissent ; c'est seulement la distance qui les fait ressembler ainsi comme les mâts du navire sur l'eau. Cela peut également s'appliquer au ciel.

Il en va de même pour le Soleil.

Quand le Soleil se lève et se couche, on dirait qu'il est très bas. Il n'est pas bas, mais toujours haut, et c'est la distance qui le fait paraître bas. Quand le Soleil est au-dessus de nos têtes, il semble très haut parce qu'il est près de nous.

Le Soleil, étant d'une capacité limitée, ne peut projeter ses rayons que sur une certaine partie de la Terre à la fois. Il s'apparente à un parapluie avec une capacité limitée pour couvrir un certain nombre de personnes. Bien sûr, vous pouvez faire un parapluie pour couvrir des centaines de personnes, si nécessaire, mais le Soleil reste toujours d'une certaine taille, et ne peut grandir ou diminuer, car il est l'œuvre de Dieu, alors que le parapluie est l'œuvre des êtres humains.

La Terre a été, et sera toujours, plate, et il y a plusieurs preuves et ces preuves je les revendique.

Vous trouverez dans ce chapitre que j'ai donné quelques preuves sur le Soleil.

Faites attention à chaque mot que vous lisez dans ce livre. Vous ne devez croire personne qui dit que la Terre est ronde, car tu n'es ni fou, ni enfant. Ne croyez pas sans une preuve correcte. Les enfants croient peut-être aux histoires, mais maintenant que vous êtes plus âgés, Assez, réveille-toi ! Vous ne pouvez pas faire rester de l'eau ni rien d'autre sur une balle ronde. C'est la même chose avec la Terre. Vous ne pouvez pas faire que l'océan reste sur une Terre ronde sans tomber, quoi qu'on vous dise. Il y a plus d'eau que de terre ferme sur la Terre, et l'eau étant liquide, ne peut être autre chose, comme je l'ai prouvée au chapitre I.

Ne laissez personne vous berner en vous disant que la Terre est ronde. Tant qu'il n'y a pas de preuve que la Terre est ronde, vous devez croire qu'elle est plate et stationnaire. Si vous avez un bon esprit, pourquoi ne pas essayer d'obtenir les meilleures connaissances et de les suivre ? Si vous êtes intelligent, pourquoi ne pas vous réveiller et avoir le meilleur pour vous ? Si j'étais vous, je ne laisserais personne me tromper. N'ayez pas peur de changer d'avis lorsque vous constatez que vous vous êtes trompé en suivant la mauvaise voie. Si vous voulez savoir si la Terre est plate ou ronde, lisez attentivement ce travail, et vous trouverez des preuves que la Terre est plate et rien d'autre.

Si vous souhaitez acheter des livres et des cartes de la Terre plate, envoyez-moi un mot et je peux vous les fournir.

Dans ce livre, nous vous avons donné des faits qui montrent que l'eau, le vent, la terre et le Soleil lui-même vous donnent leurs propres preuves. Utilisez votre propre corps pour sentir avec vos propres yeux et cerveaux pour voir et comprendre ces preuves.

Si quelqu'un souhaite avoir de plus amples explications sur mes idées, je répondrai à ses questions, à condition que je sois payé pour mon travail.

JOHN G. ABIZAID.
Boston, Mass., U. S. A.

FIN

Chers amis,

Je voudrais vous dire ceci :

Si vous voulez lire mon Livre, veuillez le lire deux ou trois fois attentivement, et réfléchissez à chaque phrase et à chaque preuve, et vous verrez que j'ai raison. Ne soyez pas d'accord sans être positif. Je ne veux pas que vous croyiez que la Terre est plate juste parce que je le dis dans mon livre ; mais je veux que vous réfléchissiez sur les preuves et que vous les essayiez et que vous découvriez la vérité pour vous-même.

J'aimerais maintenant demander des témoignages à ce sujet. Je souhaite les noms et adresses de ceux qui sont d'accord avec moi pour que je puisse aider à les empêcher d'enseigner aux petits enfants que la Terre est ronde et que le Soleil est immobile, et ainsi de suite. J'aime la vérité. Je souhaite aussi que les gens aiment la vérité, et c'est pour cette raison que j'ai écrit mon livre pour expliquer le sujet de la Terre plate et ainsi de suite. J'ai des preuves et j'ai quelques témoignages de personnes instruites, et je voudrais d'autres témoignages ou de la bonne poésie sur le sujet de la part de ceux qui sont d'accord avec moi. Je serais heureux d'avoir leurs noms à imprimer dans la troisième édition de mon livre ; de même si quelqu'un, ayant d'autres bonnes preuves sur le sujet de la Terre plate, qu'on me les envoie, je les imprimerais ainsi que leur nom.

Si je meurs, mes enfants se construiront sur les mêmes fondations.

C'est la raison pour laquelle je suis intéressé à connaître votre opinion.

Sincèrement vôtre,

JOHN G. ABIZAID.
N° 121 Tyler St., Boston, Mass.

TÉMOIGNAGES

Résidence du Cardinal, 452 Madison St., New York,

8 avril, 1912.

Mr. John G. Abizaid,

Cher Monsieur :

Son Éminence, le Cardinal Farley, désire que j'accuse réception de votre brochure, *L'Illumination du Monde*, et que je vous transmette, en guise de réponse, ses félicitations pour les réflexions, les recherches et le soin avec lesquels l'ouvrage a été rédigé.

Sincèrement vôtre,

JAMES LEWIS, Secrétaire

---

64 Wavehee Rd., Liverpool, England,

26 Janvier, 1911.

Mr. John Abizaid,

121 Tyler St., Boston, Mass., U. S. A.

Cher Monsieur :

J'ai reçu votre merveilleux livre d'un ami de Boston et je l'ai lu avec grand intérêt. Vous avez d'excellentes fondations. C'est en effet L'*Illumination du Monde*, et j'espère que vous aurez beaucoup de succès dans votre excellent travail.

Vous pouvez utiliser ce témoignage au mieux de vos intérêts.

Sincèrement vôtre,

Prof. H. B. Newton

(Maître des Sciences)

Association de la Presse Américaine

A. F. Hill, Secrétaire général et trésorier

13 Isabella St., Boston, Mass.,

24 Juin, 1910.

John G. Abizaid,

Salutation :

Votre livre, *L'Illumination du Monde*, est juste devant moi. Utiliser le drapeau des États-Unis d'Amérique[1] est un bon plan.

Des mots justes aux bons endroits peuvent nous mener sur la bonne voie. L'eau de l'océan est droite à sa surface sur de longues distances. L'eau coule de haut vers les niveaux inférieurs.

Je vous souhaite d'aller de l'avant et de remporter un grand succès en aidant à renverser l'une des grandes illusions faites par des hommes d'éducation.

Le Soleil est moins grand que la Terre ; s'il n'en était pas ainsi, les rayons du soleil brilleraient verticalement sur toutes les parties de la Terre sur le côté de la Terre, dans le sens du Soleil.

Pendant un certain nombre d'années, j'ai su que l'illusion de la Terre-Globe était un échec. Prouvez-le encore et encore pour augmenter la grande armée en faveur des faits de la Terre plate.

Les sceptiques honnêtes ont besoin d'enseignement sur la Terre plate jusqu'à ce qu'ils soient avisés et sachent. Prouvez-le de la manière la plus simple possible, pour atteindre le plus grand nombre possible de

1 La seconde édition de ce livre avait comme première de couverture le drapeau des États-Unis d'Amérique.

personnes sages qui pensent et qui connaissent.

Avec tout le respect que je vous dois,

Aurin F. Hill
(Architecte)

---

24 Septembre, 1910

John G. Abizaid

Cher Monsieur :

J'ai de nouveau lu votre important livre, *L'Illumination du Monde*, de John G. Abizaid.

Je me réjouis du bon travail que vous avez accompli pour faire disparaître de l'esprit des gens l'illusion insensée de la Terre-Globe.

Sincèrement vôtre,

AURIN F. HILL

Boston, Mass.

---

81 West St., New York City,

U. S. A., 20 Mai, 1911

Cher Monsieur :

J'ai reçu votre merveilleuse lettre et je vous remercie beaucoup pour vos explications. Cela ma beaucoup intéressé. Vous méritez d'avoir plus de succès pour votre livre utile. Acceptez mon affection et mes meilleurs vœux.

Respectueusement vôtre,

N. A. MOKROZEL, éditeur Al-Hoda, *La Guidance*.

Mr. N. A. Mokarzel du 81 West Street, New York City, possède et publie « *Al-Hoda* », ou *La Guidance*, le meilleur journal arabe dans ce pays à l'heure actuelle.

C'est un homme de bonne éducation. Après avoir lu *L'Illumination du Monde*, il fut si impressionné par les vérités qu'il publia un long article dans son journal sur le sujet, exposant plusieurs de ses arguments.

Son article a été publié le 25 juin 1910.

Salem, Oregon,

23 Mars, 1911

CRAIGNEZ DIEU..................... de A. G. Gy à LUI. GARDER LES COMMANDEMENTS DE DIEU ET LA FOI DE JÉSUS. Copyright 1er juin 1909, par Lewis Hain, Remplit de l'ÉVANGILE Éternel de la Nouvelle Jérusalem, États-Unis d'Amérique.

Mr. John G. Abizaid,

Cher Monsieur :

J'ai lu votre livre *L'Illumination du Monde* hier soir. Les preuves qui y sont données sont vraies et elles sont les mêmes que les miennes depuis des années. Si vous le souhaitez, vous pouvez me faire parvenir une des Cartes du Monde et une des Cartes de Routine du SOLEIL.

Si elles s'avèrent également vraies, nous nous mettrons d'accord pour réformer le monde ensemble.

Respectueusement vôtre,

LEWIS HAHN

Route 8, Box 115, Salem, Ore.

Plymouth,

13 Sept. 1910

Mon cher frère :

J'ai lu votre brochure avec beaucoup d'intérêt et, bien que je ne puisse en accepter les conclusions, j'admire beaucoup son indépendance de pensée et sa capacité générale globale.

Je vous remercie de me l'avoir envoyé,

Très sincèrement vôtre,

Révérend John P. Bland, Cambridge, Mass.

Mon cher M. Abizaid :

Nous avons été très intéressés par la rédaction et la publication de votre livre et nous tenons à vous féliciter pour l'intérêt qu'il a suscité chez le public. Il présente une théorie de l'Univers qui reçoit un peu d'attention maintenant.

Avec mes meilleurs vœux,

Sincèrement vôtre,

HELENA S. DUDLEY.

Académie des Sciences

New York, N. Y., 21 Mars, 1911

Mr. John G. Abizaid,

121 Tyler St., Boston, Mass.

Cher Monsieur :

Ayant tant entendu parler de votre livre, j'ai décidé de m'en procurer un exemplaire et je l'ai trouvé très intéressant à lire.

Le sujet est bon, et à l'aide de votre livre, il le rend merveilleusement clair.

Il est vrai que tout ce qui est au-dessus de la Terre bouge, les nuages, le Soleil, etc. et que la Terre est immobile.

Je distribue votre exemplaire à mes amis et j'espère de bons résultats.

En vous souhaitant plein succès, je reste,

Sincèrement vôtre,

WILLIAM J. HUTCHINSON, M. S.

"A. F. C." New York City, N. Y.

Daniel J. Faour & Bros.,

63 Washington St., New York, N. Y

16 Juin, 1910

John G. Abizaid,

121 Tyler St., Boston, Mass.

Cher Monsieur :

Nous avons reçu votre livre, *L'Illumination du Monde*. Nous n'avons pas eu l'occasion de le lire, mais d'après le titre, c'est un livre merveilleux. Vous devriez en être satisfait.

Sincèrement vôtre,

DANIEL J. FAOUR & BROS.

DEUXIÈME LETTRE

3 novembre 1910.

Cher Monsieur :

Le livre de votre autobiographie nous l'avons lu, et de notre point de vue nous le trouvons construit sur une excellente base.

Sincèrement vôtre,

DANIEL J. FAOUR & BROS.

Mr. John G. Abizaid,

Cher Monsieur :

C'est avec grand plaisir que j'ai lu votre précieux livre sur *L'Illumination du Monde*. C'est en effet très intéressant. En espérant que vous rencontrerez un énorme succès, je reste,

Sincèrement vôtre,

PHILIP K. NAOUFAL, Secrétaire.

60 Hudson St

Secrétaire de *Hudson Club* de Boston.

LEWIS PENNINI,

Représentant de navires à vapeur

Notaire et juge de paix

27 Broadway Extension, Boston, Mass.,

6 Août, 1910

Mr. John G. Abizaid,

Cher Monsieur :

J'ai lu avec la plus grande attention votre *L'Illumination du Monde* et je trouve qu'il s'agit d'un livre d'une grande importance, et qui mérite la plus grande attention des grands hommes de travail scientifique. Cela montre clairement ce que vous dites et je crois fermement que tout cela est vrai et intéressant.

J'admire beaucoup votre *L'Illumination du Monde*, et je parlerai à tous mes amis pour obtenir une copie de ce livre.

Respectueusement vôtre,

LEWIS PENNINI.

---

29 Juillet, 1911

Cher Monsieur,

Je pense que vos efforts pour prouver que la Terre est plate sont louables.

W. W. RICH, Printer.

434 Main St., Charlestown, Mass.

Cher Monsieur,

On a cru pendant des siècles que la Terre était plate et stationnaire et il n'a pas encore été absolument prouvé qu'il en était autrement. Je ne crois pas que la Terre soit ronde et que la théorie fallacieuse devrait être exploitée.

Sincèrement vôtre,

HABEEB CURY THRUBUY.

Tonnurine, Mont Liban, Syrie.

Mr. John G. Abizaid

Cher Monsieur,

J'ai lu votre livre sur la position de la Terre et je ne vois que des faits simples.

La Bible est la plus ancienne et le meilleur livre du monde. Elle est aussi explicite sur la question du monde que sur tout autre sujet : Gen.1.9. *Dieu dit : Que les eaux qui sont au-dessous du ciel se rassemblent en un seul lieu, et que le sec paraisse. Et cela fut ainsi.*

Voulons-nous d'autres preuves ? La voilà. Elle est là ; 14e Verset. *Dieu dit : Qu'il y ait des luminaires dans l'étendue du ciel, pour séparer le jour d'avec la nuit ; que ce soient des signes pour marquer les époques, les jours et les années ; et qu'ils servent de luminaires dans l'étendue du ciel, pour éclairer la terre. Et cela fut ainsi* Gen 1.14, 1.15. Nous vous prions de lire le verset 15, car il est important. Lisez les versets 16 et 17 et 18. Vous avez besoin d'autres preuves ? La voici ; quand Moïse conduisit les enfants d'Israël hors d'Égypte, deux mille cinq cent treize ans après la création sur le Mont Sinaï, Jésus donna les Dix Commandements. Vous pouvez aller où vous voulez sur cette vaste Terre et vous trouverez SA parole. Nous ne devons pas oublier que c'est une Terre détruite, car ce n'est pas ce que Dieu a fait en premier lieu. C'était surtout de la terre – maintenant, c'est deux tiers d'eau pour un tiers de terre.

Je vous renvoie au Psaume 24, 1er et 2e versets, aussi Ps. 104, 1-22, Ps. 136, 6, Ps. 102 : 25, 26, Isaïe 42, 5 ; il y a plus de cent passages qui prouvent que cette Terre ne flotte pas en l'air. Croyons au vieux livre et soyons gouvernés par lui. Que Dieu vous bénisse dans votre travail est ma prière.

Sincèrement vôtre,

J. B. THOMPSON – Dr. J. B. Thompson, Burroughs PI., Boston.

9 Hudson St., Boston, Mass., U. S. A.,

29 Mai, 1911.

John G. Abizaid,

Boston, Mass.

Cher Monsieur,

J'ai entendu parler de votre livre, *L'Illumination du monde*. Je sais que vous avez une bonne idée sur le sujet de la Terre plate et de bonnes et correctes preuves. Je suis d'accord avec vous parce que j'ai constaté que votre travail est juste, et je souhaite que les gens prêtent attention à votre livre et soient d'accord avec vous, aussi.

Très sincèrement vôtre,

SEGEAN JOSEPH GEAGEAH.

Denison House, 93 Tyler St., Boston,

19 Avril, 1912

Mon cher M. Abizaid,

Je tiens à vous remercier pour la copie de votre livre, *L'Illumination du monde*.

C'est un énoncé très intéressant de votre théorie. Veuillez trouver ci-joint le paiement pour la même chose. J'aimerais en avoir une autre copie.

Sincèrement vôtre,

HELENA S. DUDLEY.

J'ai reçu une lettre du Prof. Davis de l'Université Harvard, Cambridge, Massachusetts, datée du 27 avril 1911, disant que le fait d'imprimer mon livre coûterait une somme d'argent considérable ; aussi « *que la Terre tourne comme certains le pensent ou reste immobile comme vous le pensez ; c'est toujours au même endroit où l'on y travaille dur.* »

Je pense que le professeur Davis veut que j'arrête d'imprimer mon livre, en disant que cela me coûtera une somme d'argent. Et il a dit ce que pensent les autres, mais il n'a pas dit ce qu'il pense.

Il dit aussi que la Terre est un endroit où l'on travaille dur. Il n'a pas dit dans quel sens. Je pense qu'il sait que j'ai raison sur le sujet de la Terre plate, mais il ne veut pas être d'accord avec moi parce que ce sera difficile pour lui ; il ne veut rien dire à ce sujet pour la raison que cela détruirait son enseignement.

HARVARD UNIVERSITY

Geological Museum, Cambridge, Mass., U. S. A.,

Seismographic Station,

J. B. Woodworth, Responsable.

23 Fevrier, 1911

John G. Abizaid

Cher Monsieur :

La pression de nombreuses publications m'a empêché d'accuser réception de votre brochure et de votre lettre.

Je crains d'être trop vieux maintenant pour apprendre que la Terre n'est pas un corps sphérique.

Pour être franc, je ne vois pas que vous ayez prouvé que le monde n'est pas tel que je le considère – et nous y voilà ; vous ne le voyez pas tel que je le conçois. Ça n'a pas beaucoup d'importance, n'est-ce pas ? Qu'elle soit ronde ou plate, puisqu'on en voit si peu.

J'espère que vous prospérerez dans votre nouveau domaine professionnel.

Très sincèrement vôtre,

J. B. WOODWORTH.

Boston, Mass.,

3 Avril, 1911.

Professeur Woodworth,

Harvard University, Cambridge, Mass.

Cher Monsieur :

En réponse a votre lettre du 23 février 1911, j'aimerais vous dire qu'à ce moment-là, j'étais très occupé et que je ne pouvais pas vous répondre jusqu'à aujourd'hui.

Comme vous l'avez dit dans votre lettre, vous êtes trop vieux pour apprendre, je suis vieux aussi et j'ai appris à lire et à écrire la langue anglaise. En fait, plus une personne vieillit, plus elle en sait, et je pense que vous devriez savoir si la Terre est RONDE ou PLATE.

Vous avez aussi dit que je ne vois pas la Terre telle que vous la voyez, mais je suis sûr que je la vois, cependant je ne vois ni ne sens que cette Terre est ronde ou en mouvement et tourne autour du SOLEIL.

Vous n'avez pas vu ou senti notre Terre faire le tour du SOLEIL. Vous avez également dit qu'il n'y avait aucune preuve dans ma brochure. Il y a beaucoup de preuves pour vous faire changer d'avis, mais vous ne l'avez pas lu attentivement. Maintenant, lisez-le attentivement et faites attention à chaque preuve qu'il contient et vous verrez que j'ai raison.

Quant à la différence que la Terre soit ronde ou plate, cela fait beaucoup de différence entre le vrai et le faux. Suivez mon conseil et lisez attentivement mon livre et vous trouverez la vérité et vous ferez connaître la vérité aux autres aussi.

N'oubliez pas de m'écrire et de me faire savoir si vous avez changé d'avis ou non,

Sincèrement vôtre,

JOHN G. ABIZAID.

121 Tyler St., Boston, Mass.

---

27 Août, 1910

Mr. John G. Abizaid,

Boston, Mass.

Cher Monsieur :

Votre livre m'intéresse et j'aimerais en obtenir un exemplaire. Comment puis-je le faire ?

E. A. SCANLON – Bureau de nuit, Boston Globe

Boston 30 Janvier, 1911

Mr. John G. Abizaid

Cher Monsieur :

Je suis d'accord avec vous à tous les égards, sauf un en particulier, c'est qu'il y a une force de gravitation que vous ne parvenez pas à expliquer, qu'il y a une telle force dont ni vous ni moi ne pouvons douter.

Cela, je pense, réfute votre théorie.

Le Boston Globe.

E. A. SCANLON.

Mr. E. A. Scanlon,

The Boston Globe,

Cher Monsieur,

Répondant à votre lettre du 30 janvier 1911. Vous dites que vous êtes tout à fait d'accord avec moi, à l'exception de la force de gravitation. Je suis sûr qu'il n'y a pas de la gravité sur la Terre comme ils le croient : Vous devriez savoir que si vous donnez à un corps mort de l'énergie il fonctionnera autant que vous lui donnez du pouvoir et quand le pouvoir en sortira, il tombera de lui-même. Mais si vous lancez un corps vivant comme un oiseau ou un dirigeable, et ainsi de suite, il ira où bon lui semble. C'est une bonne preuve pour vous montrer que la Terre est un corps mort ; elle n'a aucun pouvoir et aucune gravitation du tout. Si aucune eau ne sort de la terre ou du ciel, rien ne poussera sur la Terre.

Sincèrement vôtre,

JOHN G. ABIZAID. Brookline, Mass.,

7 Mai, 1910

John G. Abizaid,

121 Tyler St., Boston, Mass.

Cher Monsieur,

J'ai lu votre manuscrit, mais je n'ai pas pu le corriger très bien, car vous êtes un étranger et moi un Américain, et les expressions utilisées par nous sont si différentes que je devrais en réécrire une grande partie pour que ce soit à mon goût.

Cependant, vous avez de bonnes idées, mais si vous comptez vendre votre livre aux gens du monde entier, vous devrez en retirer quelques-unes et en ajouter d'autres. Je serais heureux d'échanger avec vous lorsque votre livre sera prêt pour le marché.

Respectueusement vôtre,

CHARLES W. MORSE.

Charles W. Morse, auteur de *La Terre est-elle une plaine stationnaire plane ou un globe tourbillonnant ? et La terre est-elle en mouvement ou au repos ?*

Salem, Oregon,

April 18, 1912

Mr. John G. Abizaid

Cher Monsieur,

J'ai reçu votre livre (2e édition), et je l'ai posté au Gouverneur de cet État. Toutes les preuves que vous nous avez données à propos d'une Terre plate et stationnaire et des planètes en rotation sont correctes et vraies, et je suis entièrement d'accord avec vous à ce sujet, parce que la Terre n'a jamais été formée dans une boule tournante ou un globe quelconque.

Je suis à votre disposition,

LEWIS HAHN,

Grand Prêtre et Président de la Réforme Divine – l'Ambassade Divine.

LIBELLIO

contact : libellioeditions@gmail.com

Site internet : www.editionslibellio.com

Dépôt légal : 2019

ISBN : 978-84-120880-1-4